# NOTICE

## SUR LES

# EAUX SULFUREUSES NATURELLES

## DE

# CAUTERETS,

Spécialement les

### Sources de la RAILLÈRE et du VIEUX-CÉSAR.

Extrait des ouvrages de MM.

### ORFILA ET CONSTANTIN JAMES,

et du Rapport de

### L'ACADÉMIE DE MÉDECINE.

**A CAUTERETS,**

Chez le fermier des Sources.

**A PARIS,**

A l'Entrepôt central de toutes les eaux minérales naturelles,

## ANCIENNE MAISON GUITEL,

### Rue Jean-Jacques-Rousseau, 12.

UNIQUE REPRÉSENTANT DU FERMIER DES SOURCES DE CAUTERETS
(Hautes-Pyrénées).

Typ. Vinchon, rue J.-J. Rousseau, 8. — 311.

# NOTICE

SUR LES

# EAUX SULFUREUSES NATURELLES

DE

# CAUTERETS,

Spécialement les

## Sources de la RAILLÈRE et du VIEUX-CÉSAR,

AVEC INDICATION

DE LEURS CARACTÈRES CHIMIQUES, DE LEUR MODE D'EMPLOI,
DES DOSES AUXQUELLES ON LES PRESCRIT,
ET DE LEURS VERTUS TOUT A FAIT SPÉCIFIQUES DANS LE TRAITEMENT
DES MALADIES DE POITRINE ET DE L'ASTHME.

Extrait des ouvrages de MM.

## ORFILA ET CONSTANTIN JAMES,

et du Rapport de

## L'ACADÉMIE DE MÉDECINE.



A CAUTERETS,

Chez le fermier des Sources.

A PARIS,

A l'Entrepôt central de toutes les eaux minérales naturelles.

## ANCIENNE MAISON GUITEL,

### Rue Jean-Jacques Rousseau, 12,

UNIQUE REPRÉSENTANT DU FERMIER DES SOURCES DE CAUTERETS
(Hautes-Pyrénées).

Typ. Vinchon, rue J.-J. Rousseau, 8. — 311.

# EAUX SULFUREUSES NATURELLES

## DE

# CAUTERETS.

Les eaux minérales de Cauterets occupent le premier rang parmi les sources sulfureuses les plus célèbres de la chaîne des Pyrénées. Un nombre considérable de personnes s'y rendent tous les ans, et la plupart y trouvent la guérison, ou du moins l'adoucissement de leurs maux. C'est aux eaux de Cauterets que l'illustre doyen de la Faculté, M. ORFILA, a dû le rétablissement de sa santé. Il a, du reste, noblement payé sa dette de reconnaissance envers elles, en se faisant leur historien (1).

« Ce qui rend surtout précieuses les eaux de Cau-
« terets, dit M. ORFILA, c'est la variété qui se fait re-
« marquer dans leur composition et leur température.
« Il est aisé de concevoir qu'un médecin habile doit
« en retirer des ressources thérapeutiques qu'il cher-
« cherait en vain dans les autres établissements de ce

---

(1) *Des eaux minérales de Cauterets* , par M. ORFILA. Article CAUTERETS du grand Dictionnaire de Médecine en 30 volumes.

« genre, où il n'existe qu'une, deux ou trois sources
« d'eaux minérales….. Ce que je tiens à établir,
« c'est que, dans aucun autre lieu, il n'existe autant
« de sources utiles ni autant d'établissements ther-
« maux qu'à Cauterets : ce qui met à même de varier
« et de modifier les traitements d'une manière exces-
« sivement avantageuse. »

Mais Cauterets, de même que les autres localités
thermales, n'est accessible que pendant les quelques
mois de la belle saison. *Les malades sont donc obligés
de faire usage des eaux transportées.* Si, sous cette
forme, ces eaux ne rendent pas aujourd'hui tous les
services qu'on serait en droit d'en attendre, il faut
moins s'en prendre à l'eau minérale elle-même qu'à
l'incertitude qui règne sur ses propriétés et son mode
d'emploi. C'est pour éclairer ces importantes questions
de thérapeutique que nous empruntons aux auteurs
les plus compétents les renseignements qui vont
suivre.

Les sources principales de Cauterets sont au nombre
de quinze. Deux seulement servent à l'exportation,
car ce sont les seules qui subissent le transport sans
s'altérer; ce sont : la RAILLÈRE et le VIEUX-CÉSAR.


## LA RAILLÈRE.

L'eau de la Raillère est abondante, limpide, onc-
tueuse au toucher, d'une saveur douceâtre. Sa température est de 41 degrés centigrades au griffon, et de
39 degrés à la buvette.

ANALYSE CHIMIQUE. — D'après les analyses de Long-

champ, répétées par M. ORFILA, l'eau de la Raillère
contient par litre :

|  | litre. |
|---|---|
| Azote...................... | 0, 004 |

|  | gr. |
|---|---|
| Sulfure de sodium............ | 0, 019400 |
| Sulfate de soude ............. | 0, 044347 |
| Chlorure de sodium........... | 0, 049576 |
| Silice...................... | 0, 061097 |
| Chaux..................... | 0, 004487 |
| Magnésie................... | 0, 000445 |
| Soude caustique.............. | 0, 003396 |
| Barégine.................. ⎫ | |
| Potasse caustique........... ⎬ Quantité indéterminée. | |
| Ammoniaque.............. ⎭ | |
|  | 0, 182748 |

EFFETS THÉRAPEUTIQUES. — « De tous les établisse-
« ments de Cauterets, dit M. ORFILA, celui de la Rail-
« lère est le plus fréquenté et celui qui rend le plus
« de services aux malades. On administre ces eaux
« dans les catarrhes bronchiques, dans la première
« période de la phthisie tuberculeuse, dans certaines
« hémoptysies, dans les névroses pulmonaires, et
« dans les gastralgies. Les effets salutaires des eaux
« de la Raillère dans les affections dont je viens de
« parler ne peuvent être niés par quiconque a été à
« même de les étudier pendant quelques jours. »

L'auteur de l'ouvrage le plus récent et le plus estimé
sur les eaux minérales, M. Constantin JAMES, dont l'au-
torité a d'autant plus de poids, qu'il est allé étudier

sur les lieux mêmes toutes les sources qu'il a décrites,
émet le même jugement sur les eaux de la Raillère (1).
Il les déclare « souveraines dans le traitement des af-
« fections catarrhales et tuberculeuses des voies res-
« piratoires. » Il raconte à ce sujet un fait remar-
quable que nous croyons devoir reproduire :

« Tous les ans, dit ce savant médecin, on amène à
« Cauterets un certain nombre de chevaux qui sont
« atteints de bronchites chroniques très opiniâtres ,
« avec inappétence, diarrhée, amaigrissement et sper-
« matorrhée ruineuse. Ce sont surtout des étalons des
« haras de Tarbes et de Pau. Ces animaux boivent
« avec une grande avidité les eaux de la Raillère, et,
« au bout d'une huitaine de jours, les digestions s'amé-
« liorent, la toux se dissipe, les forces reviennent,
« l'embonpoint augmente , et les pertes séminales
« elles-mêmes finissent par disparaître. »

M. ORFILA, qui mentionne les mêmes particularités
pour en avoir également été témoin, remarque avec
raison que « ce fait répond suffisamment à ceux qui
« prétendent que les eaux minérales n'agissent que
« par la distraction et les influences morales. »

Ainsi la science, d'accord avec l'observation cli-
nique, reconnaît aux eaux de la Raillère UNE VÉRITABLE
SPÉCIFICITÉ DANS LE TRAITEMENT DES MALADIES DE LA POI-
TRINE ET DU LARYNX.

Mais il est une autre source dans les Pyrénées, celle

---

(1) *Guide pratique aux principales eaux minérales de la France, de la
Belgique, de l'Allemagne, de la Suisse, de la Savoie et de l'Italie* , par le
docteur Constantin JAMES ; chez Victor Masson, libraire, place de l'École-
de-Médecine, 17.

des Eaux-Bonnes, que l'on vante également, et à juste
titre, contre les mêmes affections. De ces deux sources
rivales, laquelle préférer? M. Constantin JAMES, dans
le savant parallèle qu'il en a fait (1), a indiqué les caractères différentiels de chacune, de manière à préciser leur action et à définir leur rôle respectif. Nous
lui empruntons les lignes qui suivent :

« Les eaux de la Raillère sont beaucoup moins ac-
« tives et moins excitantes que les Eaux-Bonnes. Sous
« ce rapport, l'analyse chimique est d'accord avec
« l'observation, puisqu'elles renferment moins de
« principes sulfureux.

« L'hémoptysie (crachement de sang) est un accident
« beaucoup plus fréquent aux Eaux-Bonnes qu'à la
« Raillère. Cela tient probablement à la différence
« d'activité des deux sources. »

Aussi, ce qui a frappé surtout M. JAMES, ce qu'il re-
lève en quelque sorte à chaque ligne de son ouvrage,
c'est la surexcitation parfois si dangereuse que pro-
duisent les Eaux-Bonnes. Voyez plutôt avec quelle
appréhension il s'exprime sur leur emploi (2) :

« L'extrême activité des Eaux-Bonnes exige qu'on
« commence leur usage intérieur par des quantités
« médiocres; mais il est des malades tellement im-
« pressionnables à l'action de ces eaux, qu'ils ne peu-
« vent les supporter d'abord que par cuillerées à
« bouche. A peine, pour ainsi dire, ils en ont appro-
« ché les lèvres qu'ils ressentent déjà la plupart de
« leurs effets. »

---

(1) Même ouvrage, pages 69 et suivantes.
(2)　　　Id.　　　page 44.

Or, ces effets, quels sont-ils?

« Ces eaux exercent, surtout dans les premiers jours
« de la cure, une action puissamment stimulante. Il
« survient de l'agitation, de l'insomnie, une sorte
« d'exaltation de tout le système nerveux, comme par
« les effets du café..... Mais c'est sur l'appareil respi-
« ratoire que l'action des Eaux-Bonnes se porte d'une
« manière plus spéciale. Les symptômes existant de
« ce côté s'aggravent momentanément : ceux qui
« avaient disparu se réveillent plus intenses. Ainsi,
« sensation de chaleur dans l'arrière-gorge, avec in-
« jection des amygdales, du voile du palais et de la
« luette, altération de la voix, quelquefois même
« aphonie ; douleurs vagues derrière le sternum et
« entre les deux épaules. En même temps la toux aug-
« mente, et elle s'accompagne d'une expectoration
« muqueuse, offrant tous les caractères de la bron-
« chite aiguë..... L'hémoptysie est un accident à re-
« douter aux Eaux-Bonnes, surtout chez les individus
« pléthoriques, sujets aux épistaxis, aux points de
« côté ou aux congestions actives vers le poumon. »

Nous avons transcrit textuellement les passages que
nous venons de citer, car les faits observés et décrits
par M. James s'éloignent si complétement des idées
les plus répandues aujourd'hui sur les Eaux-Bonnes
parmi les médecins qui n'ont pas été les étudier à la
source, qu'on aurait pu accuser notre récit d'exagé-
ration. Quand on compare l'action *douce, bienfaisante,
médicatrice* des eaux de la Raillère aux effets *pertur-
bateurs* des Eaux-Bonnes, on comprend que, dans
l'immense majorité des cas, la première de ces sources
doit être préférée à la seconde. Aussi dirons-nous avec

M. James que « la Raillère est une précieuse ressource « pour certains malades qui ne peuvent boire les « Eaux-Bonnes, même réduites aux doses les plus mi- « nimes. »

La manière dont les eaux de la Raillère agissent sur l'appareil respiratoire est importante à noter. Dans les premiers moments elles ont pour effet de stimuler doucement la vitalité des organes renfermés dans la poitrine. Les crachats changent rapidement de caractères; de verdâtres et même purulents qu'ils étaient, ils deviennent blancs, muqueux, aérés, et bientôt ils finissent par disparaître. *Il ne survient aucun de ces phénomènes alarmants que nous avons dit être si fréquents par l'usage des Eaux-Bonnes.*

Doses et mode d'emploi. — La dose à laquelle on boit l'eau de la Raillère est habituellement d'un à deux verres, le matin à jeun, à une demi-heure d'intervalle chaque verre. Il faut faire tiédir l'eau minérale en chauffant la bouteille au bain-marie, ou mieux, en ajoutant à chaque verre une cuillerée de lait bouillant, de tilleul ou de quelque autre infusion pectorale. La bouteille devra être immédiatement rebouchée avec soin, le goulot renversé et plongeant dans de l'eau; on n'emploie que des bouteilles de demi-litre ou de quart de litre, afin d'éviter que, par l'introduction répétée de l'air, le principe sulfureux et les gaz ne s'évaporent.

Une cure par les eaux transportées de la Raillère dure en général six semaines à deux mois, tandis qu'à Cauterets, elle n'est que d'environ trois à quatre semaines. C'est qu'à Cauterets on associe d'habitude à la boisson les bains et les douches, ce qui communique à l'eau sulfureuse une plus grande activité.

## VIEUX–CÉSAR.

Cette source, la plus anciennement connue de Cauterets, car il paraîtrait que son nom lui vient de ce que César y recouvra la santé, est en même temps la plus riche en principes sulfureux ; sa température est de 49 degrés centigrades. Elle contient, par litre, 0,0308 de sulfure de sodium. Quant aux autres sels , ils s'y trouvent à peu près dans la même proportion qu'à la Raillère.

Bien que le Vieux-César soit situé à une grande distance de la ville, au sommet d'une montagne dont l'accès est difficile et fatigant, les buveurs y affluent à toute heure du jour, pendant toute la durée de la saison. C'est que cette source jouit également d'une merveilleuse efficacité. Aussi M. Constantin James la proclame–t–il , avec la Raillère « la meilleure eau « minérale de Cauterets. »

Nous venons de voir que les eaux de la Raillère sont spéciales dans le traitement des affections chroniques de la poitrine. Le Vieux-César possède-t-il également une spécialité? Consultez les médecins qui ont prescrit ces eaux, consultez les malades qui en ont fait usage, tous vous diront que LA SOURCE DE CÉSAR EST SPÉCIALE CONTRE L'ASTHME.

L'Académie de médecine elle–même , qui est toujours si réservée dans ses jugements, a reconnu les excellents effets de cette source, dans le Rapport fait au nom de la Commission des eaux minérales, et lu dans la séance du 3 novembre 1849 (1).

---

(1) Ce Rapport est inséré dans le tome XV des Mémoires de l'Académie de médecine.

« Les malades, y est-il dit, ne tardent pas à res-
« sentir la salutaire influence de ces eaux, lorsque les
« affections chroniques auxquelles ils sont en proie sont
« dépourvues de tout élément inflammatoire. Avant
« de permettre l'usage de ces eaux contre les dyspnées
« il faut bien s'assurer que cette lésion fonctionnelle
« ne se rattache pas, ce qui arrive trop souvent, à une
« altération du cœur ou des gros vaisseaux, circons-
« tances où le liquide thermal est constamment funeste.
« Les eaux de Cauterets ne sont *salutaires dans*
« *l'asthme*, que lorsque cette maladie est l'expression
« d'un emphysème pulmonaire, la suite d'un catarrhe
« humide, ou la rétrocession de principes rhumatismal
« ou herpétique. »

De là le précepte de ne jamais faire usage de la
source de César, sans avoir préalablement consulté un
médecin. Du reste cette recommandation s'applique à
toutes les eaux minérales.

La manière dont les eaux du Vieux-César agissent
sur les sécrétions bronchiques rappelle assez celle
des eaux de la Raillère. Ainsi l'expectoration augmente.
Or, on sait que, chez les asthmatiques, la gêne de la
respiration est souvent la conséquence de l'état de
tension du tissu pulmonaire et du défaut d'élasticité
des capillaires, d'ou résulte une sorte d'obstruction
passive de la muqueuse bronchique.

Il est donc très facile de comprendre comment les
eaux de César, en détergeant le poumon, rendent son
parenchyme plus perméable et par suite facilitent le
jeu des mouvements respiratoires.

Mais les malades qui fréquentent le Vieux-César ne
sont pas tous asthmatiques. C'est que ces eaux convien-

nent encore dans la plupart des cas où les eaux sulfureuses sont indiquées.

Quant à la dose et au mode d'emploi de ces eaux, ce sont les mêmes indications que pour la Raillère. Il est impossible à cet égard de rien préciser d'absolu, car beaucoup de circonstances devront faire modifier le traitement, et il ne faut pas oublier qu'une eau minérale est un médicament véritable qui réclame au plus haut degré toute la sollicitude du médecin.

# RÉSUMÉ.

Les eaux de la **R**AILLÈRE sont spéciales pour le traitement des *maladies de poitrine (phthisie, bronchite* et *laryngite chroniques, catarrhe pulmonaire*).

Elles sont infiniment moins irritantes que les Eaux-Bonnes et n'exposent pas, comme celles-ci, aux crachements de sang.

Les eaux du V**ieux**-C**ésar** sont spéciales pour le traitement de l'*asthme* indépendant d'une maladie organique du cœur ou des gros vaisseaux.

Aucune autre eau minérale des P**yrénées** ne jouit à cet égard de propriétés comparables.

---

### Prix de l'Eau de Cauterets.

La demi-bouteille......................... 90 cent.
Le quart de bouteille ..................... 70